中国南海
- 金丝织纹螺 (→ p.27)

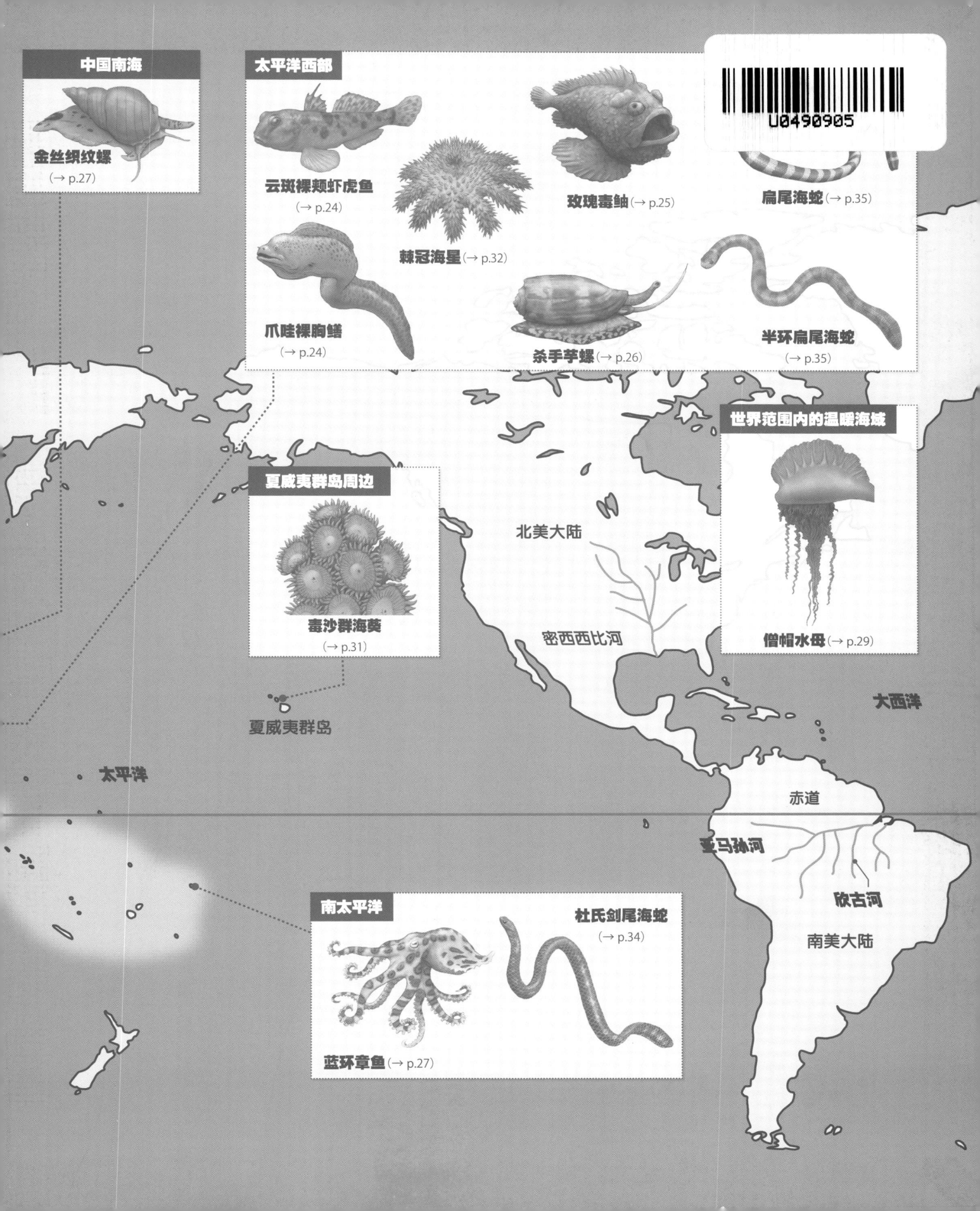

太平洋西部
- 云斑裸颊虾虎鱼 (→ p.24)
- 玫瑰毒鲉 (→ p.25)
- 扁尾海蛇 (→ p.35)
- 棘冠海星 (→ p.32)
- 爪哇裸胸鳝 (→ p.24)
- 杀手芋螺 (→ p.26)
- 半环扁尾海蛇 (→ p.35)

夏威夷群岛周边
- 毒沙群海葵 (→ p.31)

世界范围内的温暖海域
- 僧帽水母 (→ p.29)

南太平洋
- 蓝环章鱼 (→ p.27)
- 杜氏剑尾海蛇 (→ p.34)

北美大陆
密西西比河
夏威夷群岛
太平洋
大西洋
赤道
亚马孙河
欣古河
南美大陆

当心!
奇趣动物小百科
潜在水中的有毒动物

(日) 今泉忠明 著
杜娜 译

辽宁科学技术出版社
·沈阳·

前言

生活在水中的有毒动物

生活在海里的有毒动物

我们一般把生活在海里的生物，叫作海洋生物。海洋生物种类繁多，有裙带菜和海带那样的藻类，有看起来像植物其实是动物的珊瑚和海葵等刺胞动物，还有螃蟹和虾等节肢动物以及乌贼、章鱼和贝类等软体动物。另外，鲨鱼和金枪鱼等鱼类（海水鱼），以及海豚、鲸等哺乳动物也生活在这里。

在这些海洋生物之中，有一部分带有毒。所谓剧毒，就是能夺走人类和其他生物生命或者对健康产生严重危害的毒素。玫瑰毒鲉、赤虹、蓝环章鱼、毒沙群海葵和黑背海蛇等都是海洋中的有毒动物。含有剧毒的海洋动物，主要是在捕食猎物，或者保护自己不受敌人伤害、进行防御的情况下使用毒素。

生活在河流、湖泊和沼泽里的有毒动物

在河流、湖泊和沼泽这样的淡水水域也生活着有毒的生物。有些藻类也含有有毒物质（→p.18）。在河流和湖泊中生活的鱼类（淡水鱼），比如鲶鱼一类的红鲴和岔尾黄颡鱼、越南拟鲿等鱼类也是带有毒素的。这些动物的毒素会给人类带来疼痛和瘙痒。

生活在世界各海域中的有毒动物

海水鱼

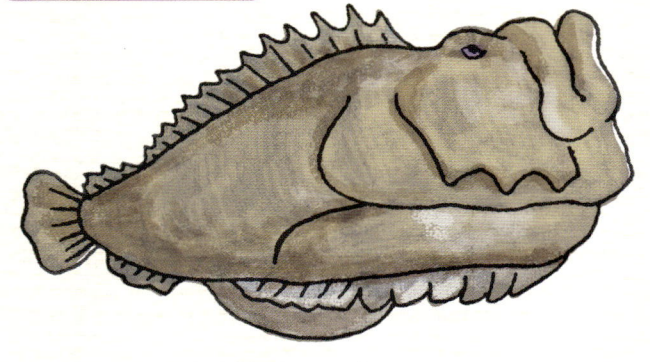

玫瑰毒鲉（→ p.25）

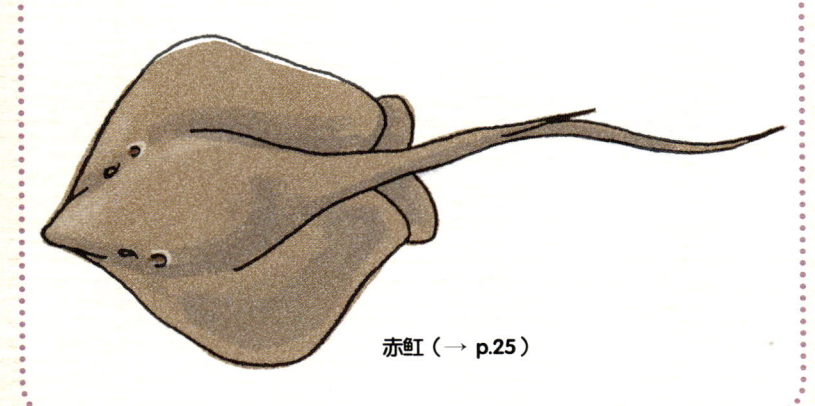

赤虹（→ p.25）

软体动物

蓝环章鱼（→ p.27）

刺胞动物

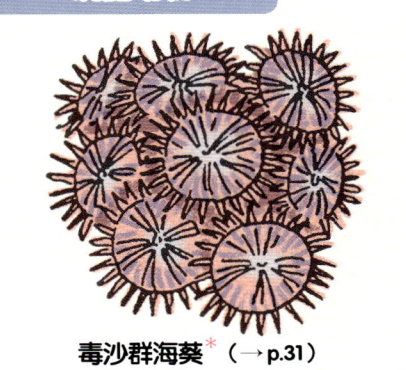

毒沙群海葵*（→ p.31）

*有红色的品种，也有绿色的品种。

生活在世界各地河流、湖泊和沼泽中的有毒动物

淡水鱼

岔尾黄颡鱼（→ p.37）

黑白虹（→ p.36）

当心！
奇趣动物小百科
潜在水中的
有毒动物

目录

前言　生活在水中的有毒动物 ………………………………………… 2

第 1 章　有毒动物在哪里？

了解有毒动物藏身的地方。

海洋中的有毒"杀手" …………………………………………… 6

河流、湖泊和沼泽中的有毒"杀手" ………………………… 10

第 2 章　毒素大揭秘

关于毒素的有趣知识都在这里。

一起来看看有毒动物的武器！ ………………………………… 14

有毒动物的用毒"绝招" ………………………………………… 16

毒素从哪里来？ …………………………………………………… 18

中毒了，不要慌！ ………………………………………………… 20

毒素是很有用的！ ………………………………………………… 22

第3章　有毒动物大集合

了解各种有毒动物。

有毒的海水鱼 24

有毒的贝类、章鱼 26

有毒的水母 28

有毒的海葵 30

有毒的海胆、海星 32

有毒的海蛇 34

有毒的淡水鱼 36

第3章 "有毒动物大集合"的阅读方法

插图
有毒动物的样子。

毒素强度：剧毒
毒素种类：神经毒素
武　器：背鳍上的刺
毒素用途：防御

玫瑰毒鲉

分类：鲉形目毒鲉科
分布：印度洋、太平洋西部的热带区域
全长：约40cm

身体表面的颜色和形状与岩石特别相似，别称石头鱼。在海底的沙石中藏身，静待小鱼、虾和螃蟹等猎物。一动不动的时候难以和岩石区分开来，所以人类在礁石附近玩耍时会不小心踩到它而受伤。背部的背鳍带有剧毒，能穿透橡胶底的鞋子。被刺中后会无法呼吸直至死亡，所以在礁石附近玩耍时最好穿厚底的靴子。

名称
有毒动物的名字。

说明
介绍有毒动物的特征。

毒素的分类
☠（剧毒）表示能对人类产生巨大的危害，有时会导致人类死亡。
⚠（有毒）表示会造成人类疼痛或瘙痒。

毒素种类
表示毒素生效的方式。

武器
表示输出毒素的部位。

毒素用途
表示因为什么而使用毒素。

分类
表示动物的分类。

分布
表示主要的栖息地和环境。

全长/体长（cm）
表示身体大小。全长是指从嘴巴的最前端到尾巴的最末端（或者是身体的最末端）的长度。体长是指全长减去尾巴的长度。

5

第1章 有毒动物在哪里？

海洋中的有毒"杀手"

广阔的海洋中，潜伏着带有剧毒的章鱼和海葵等动物。它们隐藏得非常好，根本看不出来它们藏在哪里。

☠ 善于隐藏身体的剧毒"杀手"

在广阔的太平洋和印度洋中,生活着很多种类的海洋生物。在靠近陆地的部分,岩石比较多,海水涨潮后,海浪会冲击岸边的岩石。等到海水退潮时,海里面的岩石就会露出,而岩石的低洼处和岩石之间还有留存的海水,从而形成了潮池。在这样的地方,就会隐藏着有毒的蓝环章鱼、夜海葵和玫瑰毒鲉(海水鱼)等动物。这些动物的体色与周围的环境非常相似(保护色、拟态),人们很难发现它们的身影。

而在东南沿海地带,很多动物都藏在海底的沙子里。海浪涌过来的时候,会将海底的沙子带上来,这样就更加看不清楚海底的状况。这样的海底就隐藏着有毒的赤魟。

这里有蓝环章鱼、夜海葵、玫瑰毒鲉、赤魟哦!找找看,在本书的哪一页还能再见到它们?会有关于它们的详细介绍噢!

第 1 章　有毒动物在哪里？

这里有杀手芋螺、澳大利亚箱形水母、长吻海蛇、毒沙群海葵哦！

在靠近赤道的太平洋热带海域，太阳光全年都强烈地照射着海洋。在浅海中，可以看见五彩缤纷的生物。而海中的珊瑚就像陆地上的森林一样旺盛地生长着，在这片"珊瑚森林"中生活着各种各样的生物。在珊瑚之间，也许还有小丑鱼和蝴蝶鱼在其中畅游。也许海葵还紧紧地附着在岩石上呢。

这样温暖的海水中，也隐藏着剧毒"杀手"呢！杀手芋螺和周围的珊瑚、岩石的颜色非常相似。仔细观察的话，也许还能看见身体透明的澳大利亚箱形水母和灵活游动的黑背海蛇。如图所示，黑背海蛇的背部是黑色的，而腹部是黄色的，从海面上看去，只能看见一片漆黑，而从海底看上去则仿佛是太阳照下来的颜色，所以周围的生物不容易发现它的存在，这使它们免于被敌人袭击。另外，在夏威夷群岛周围的海里，还生活着带有超强毒素的毒沙群海葵。

河流、湖泊和沼泽中的有毒"杀手"

在河流、湖泊和沼泽等地方，生活着有毒的鲶鱼一族。

☠ 既会用毒又会隐身的鲶鱼一族

在河流、湖泊和沼泽等地方生活着河豚、鲤鱼、鲶鱼等淡水鱼。

鲶鱼一族隐藏在河底的泥巴里，或者生长在植物中。它们在那里等待猎物的出现，伺机捕食，同时也在那里产卵。鲶鱼一族中，红鲷和岔尾黄颡鱼、越南拟鲿等带有的毒素会让人

这里有红鲴、岔尾黄颡鱼和越南拟鲿……

产生疼痛和瘙痒。这些有毒动物平时隐藏在河底的石头之间，它们的体色与花纹和周围环境非常相似，除非你集中注意力仔细观察，不然很难发现它们。

扫码领取

◎ 有毒动物图鉴
◎ 动画科普课堂
◎ 意外伤害处理
◎ 纪录片推荐

黑白魟

世界上除了南极大陆和澳大利亚大陆以外的所有大陆上都流淌着流域广阔、流水量较大的河流。欧亚大陆上有长江、黄河，非洲大陆上有尼罗河和尼日尔河，南美洲大陆上有亚马孙河，而北美洲大陆上有密西西比河等。在这些河流中都生活着一些独特的有毒动物。

这里有黑白𫚉、黑头鳠哦！

　　这些有毒动物一般会隐藏在河底石头的阴影里或者是河岸的水草间。在亚马孙河的支流欣古河的河底，藏着𫚉鱼家族中的黑白𫚉 。在东南亚的湄公河中，生活着鲶鱼家族中的黑头鳠。

第2章 毒素大揭秘

一起来看看有毒动物的武器！

生活在水中的有毒动物，为了能将毒素注入对方体内，进化出了各种各样的武器。水母和海葵带有含毒素的刺细胞。

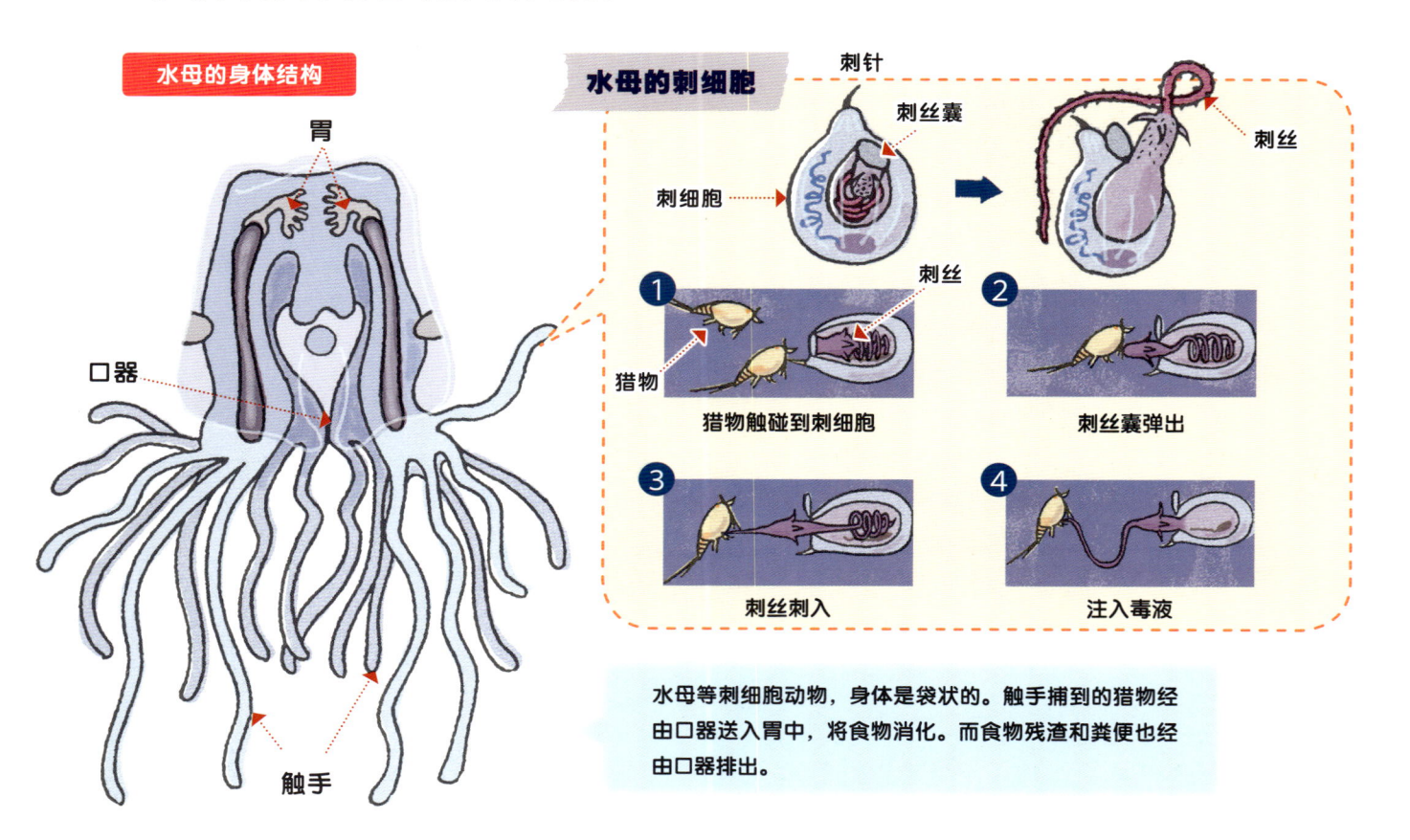

水母的身体结构
- 胃
- 口器
- 触手

水母的刺细胞
- 刺针
- 刺丝囊
- 刺细胞
- 刺丝

1. 猎物触碰到刺细胞
2. 刺丝囊弹出
3. 刺丝刺入
4. 注入毒液

水母等刺细胞动物，身体是袋状的。触手捕到的猎物经由口器送入胃中，将食物消化。而食物残渣和粪便也经由口器排出。

☠ 超厉害的刺细胞

水母和海葵等刺细胞动物都有细长的触手。在水母和海葵的触手中，有着数不清的、带有毒针的刺细胞。刺细胞特别小，用肉眼是看不见的。刺细胞一般呈足球或者橄榄球形状，里面有被称作刺丝囊的带有毒针的管状结构（刺丝），像弹簧一样盘在其中。其他生物一旦触碰到它的触手，刺细胞中的一些刺丝就会弹出来。刺丝刺入对方体内，通过管状结构输送毒素。这些毒素

海葵的身体结构

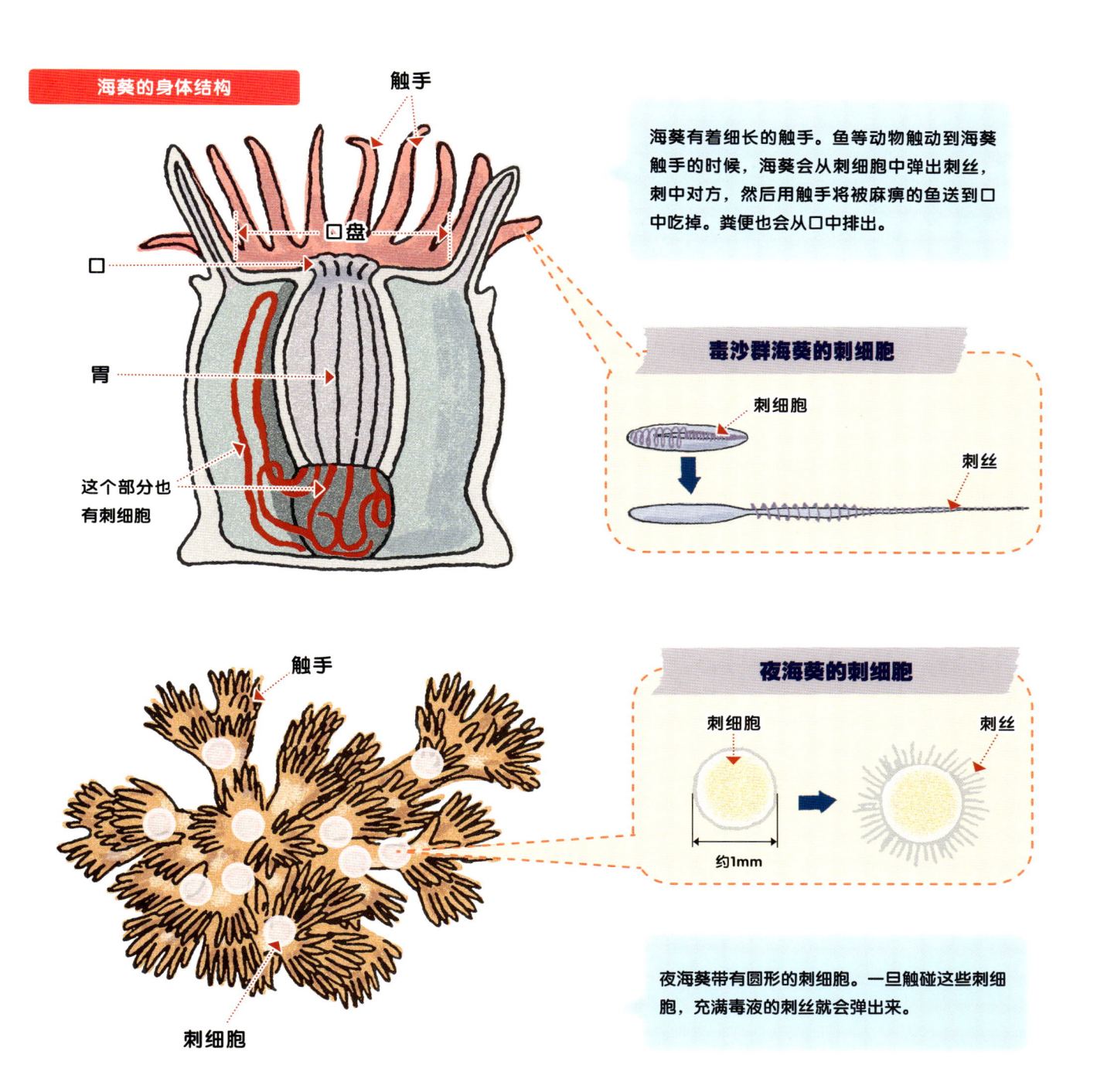

触手
口盘
口
胃
这个部分也有刺细胞

海葵有着细长的触手。鱼等动物触动到海葵触手的时候，海葵会从刺细胞中弹出刺丝，刺中对方，然后用触手将被麻痹的鱼送到口中吃掉。粪便也会从口中排出。

毒沙群海葵的刺细胞

刺细胞
刺丝

夜海葵的刺细胞

刺细胞
刺丝
约1mm

夜海葵带有圆形的刺细胞。一旦触碰这些刺细胞，充满毒液的刺丝就会弹出来。

触手
刺细胞

作用于生物的神经系统，是一种麻痹肌肉的神经毒素。人类中毒后会产生呼吸受阻、心跳停止等现象，最终可能会导致死亡。大多数刺胞动物用毒素麻痹猎物，然后将其抓住吃掉。

刺细胞有各种各样的形状。比如说夜海葵（→p.31），身体表面就带有很多圆形的刺细胞。

有毒动物的用毒"绝招"

有毒动物为了能够熟练地使用毒素，或刺或咬，有着各种各样的技巧。

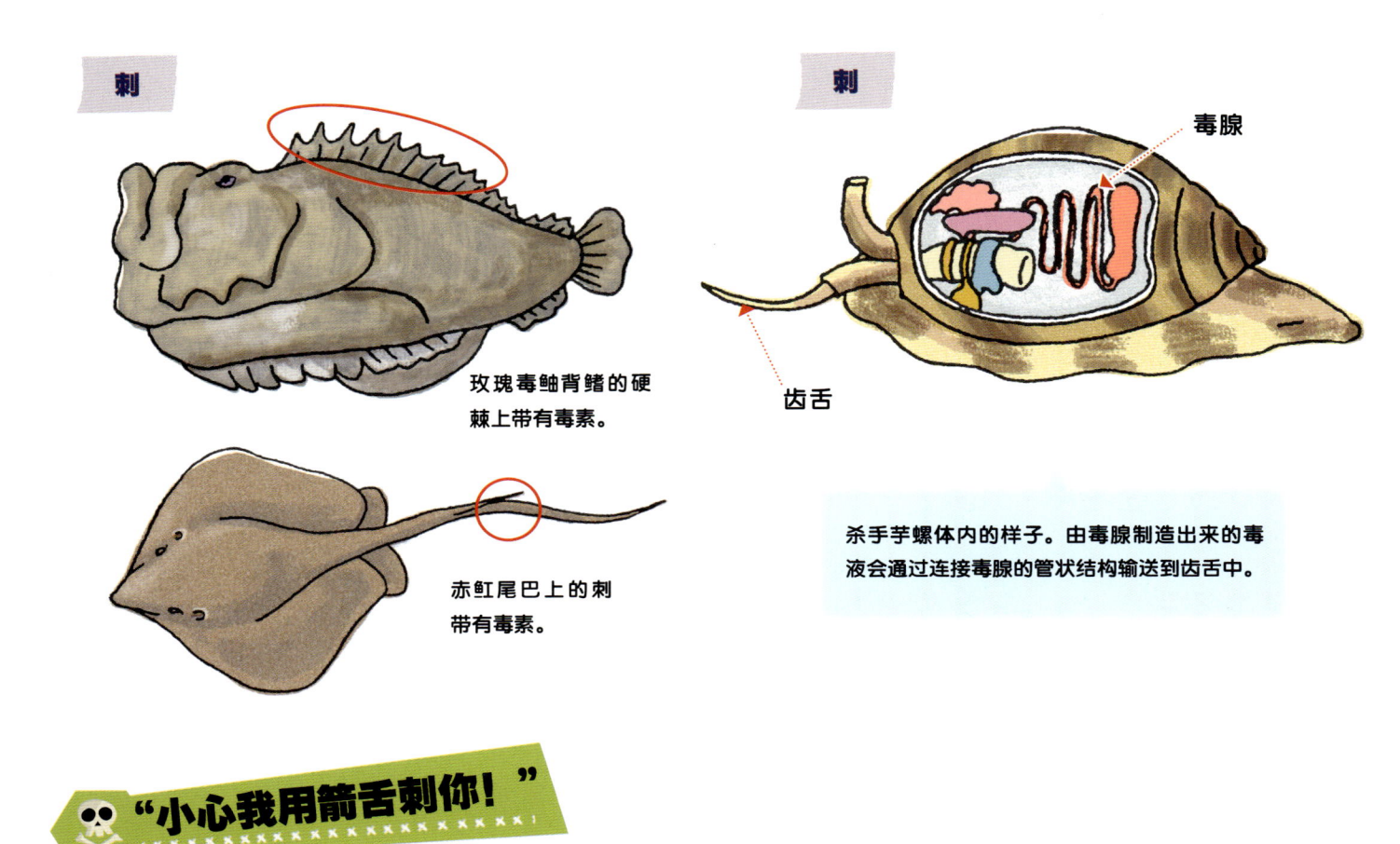

刺

玫瑰毒鲉背鳍的硬棘上带有毒素。

赤魟尾巴上的刺带有毒素。

刺

毒腺

齿舌

杀手芋螺体内的样子。由毒腺制造出来的毒液会通过连接毒腺的管状结构输送到齿舌中。

☠ "小心我用箭舌刺你！"

　　鱼类中的玫瑰毒鲉（→p.25），有着可以支撑背鳍和胸鳍的硬刺。这些硬刺可以将毒素注入对方体内，进行自我保护。赤魟也会为了保护自己而使用毒素，它的尾巴中部带有毒刺，可以通过刺中对方输送毒素。玫瑰毒鲉和赤魟的体内都有纤细的管状结构，通过这个结构制造毒素，这就是毒腺。

　　软体动物杀手芋螺（→p.26）和细线芋螺等，为了捕食其他生物而使用毒素，它们的武器是齿舌。齿舌的尖端呈箭一样的形状，所以也被称为箭舌。箭舌刺入对方身体后，会分泌出神经毒素麻痹对方的身体。

杀手芋螺捕食鱼类的过程

1 悄悄靠近小鱼。

2 齿舌 用齿舌刺中小鱼，输送毒素。

3 用神经毒素麻痹鱼的身体，将其捉住。

4 张大嘴，将猎物吞下。

咬

毒腺 … 口器

蓝环章鱼体内的样子。在咬住猎物的时候，毒腺制造出来的毒素会由口器注入对方体内。

蓝环章鱼受到威胁时的样子

警戒色

"小心被我咬到！"

虽然同为软体动物，但蓝环章鱼（→p.27）有着类似鸟喙般的口器，可以在咬住对方的时候将毒素注入对方体内。当对方被麻痹后，再进行捕食。

另外，蓝环章鱼平时会模拟周围环境的颜色来隐藏自己。但是当遭遇敌人攻击的时候，身上的蓝圆环会发出耀眼的蓝光警戒色，以此来告诫其他生物，"我是带有毒素的，不要攻击我哦！"

毒素从哪里来？

有些动物是通过自身的毒腺产生毒素的，而有些动物则是因为吃了某些带毒的食物才带有毒性的。

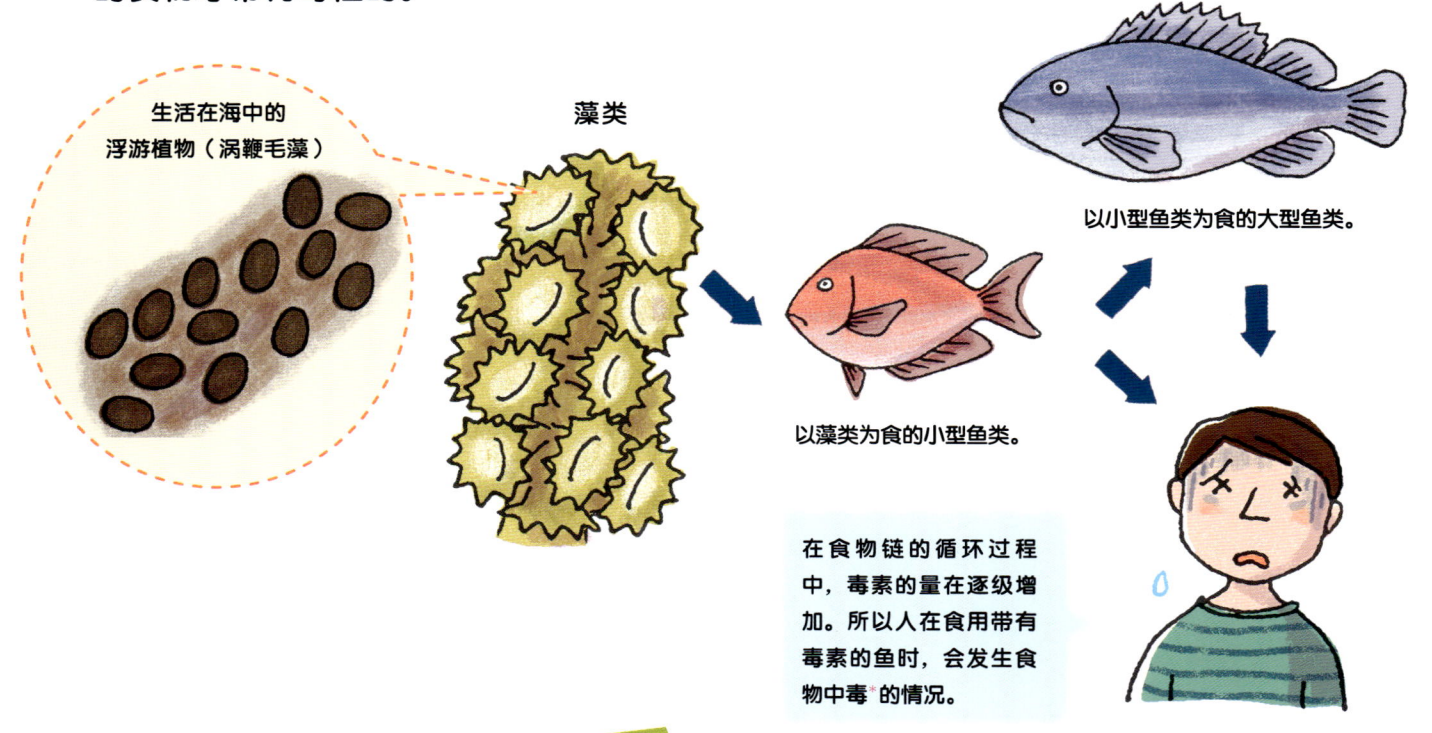

生活在海中的浮游植物（涡鞭毛藻）

藻类

以小型鱼类为食的大型鱼类。

以藻类为食的小型鱼类。

在食物链的循环过程中，毒素的量在逐级增加。所以人在食用带有毒素的鱼时，会发生食物中毒*的情况。

自身造毒与"吃出来"的毒

杀手芋螺和蓝环章鱼自身带有毒腺，毒腺能够制造出毒素。爬行动物中的海蛇体内也具有毒腺，制造出来的毒素会通过尖牙释放出来。

而一些本身不具备毒腺的生物，通过吃掉带有毒素的小型动物，而将毒素储存在身体中。有一种在海水中游动的小型生物，叫作涡鞭毛藻，是一种浮游植物*。它们会附着在藻类上，这些藻类被小型鱼类吃掉，然后小鱼又被大鱼吃掉。

涡鞭毛藻带有被称为雪卡毒素的有毒物质，小型鱼类由于只能吃掉少量涡鞭毛藻，所以基本上不会受影响，但是食物链中位于上端的大型鱼类进食后体内会积累大量的雪卡毒素，毒性会变

*浮游植物：在水中浮游的小型生物中依靠光合作用生存的种类。　　*食物中毒：由于食用或饮用食物的原因导致腹泻。

河豚身上的毒素

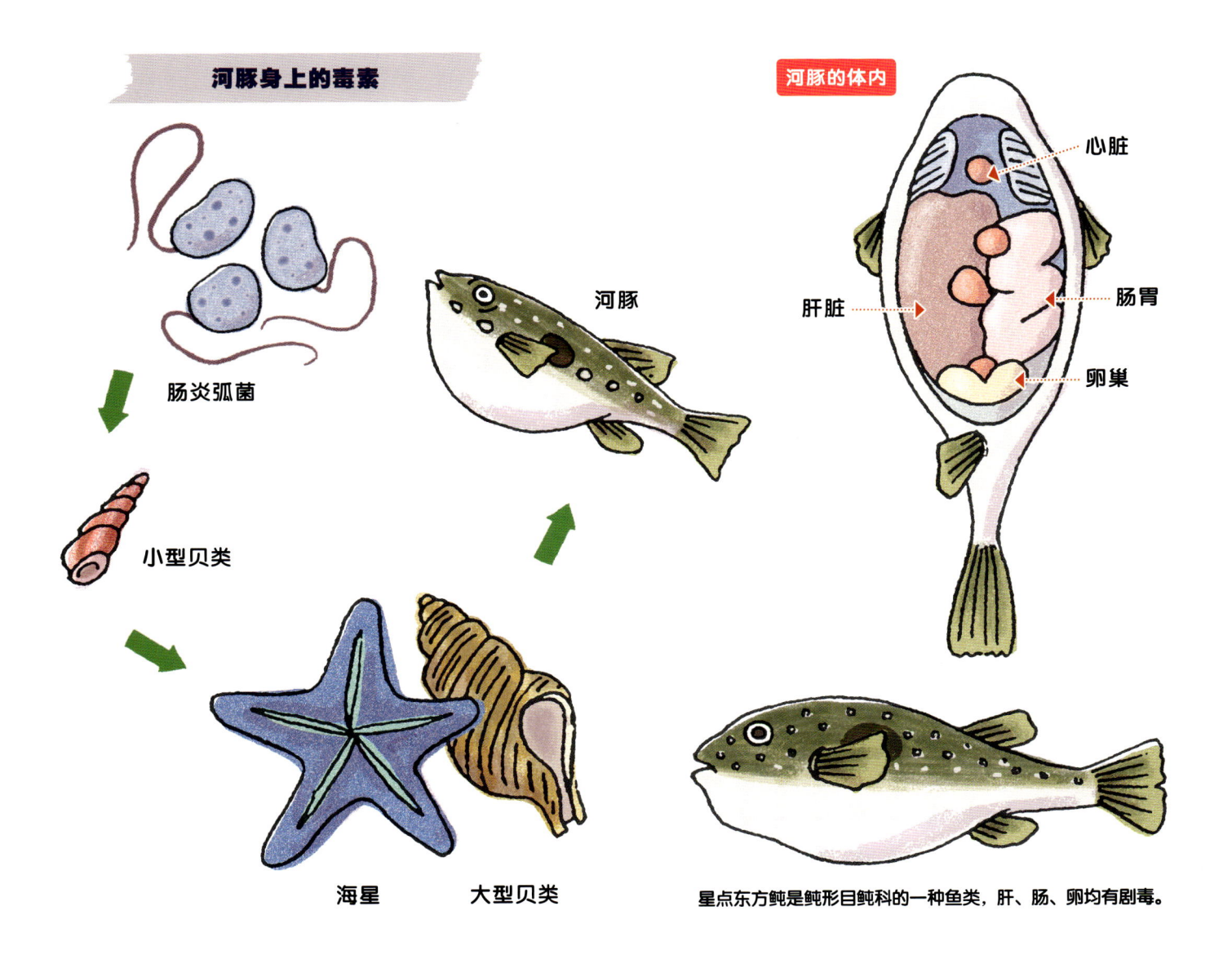

肠炎弧菌

小型贝类

海星　　大型贝类

河豚

河豚的体内

心脏
肝脏
肠胃
卵巢

星点东方鲀是鲀形目鲀科的一种鱼类，肝、肠、卵均有剧毒。

得非常强。

像星点东方鲀这类带有毒素的河豚也并不是由自身制造毒素，而是通过捕食来将毒素储存在体内。生活在海中的肠炎弧菌带有一种叫作河豚毒素的有毒物质，小型贝类以肠炎弧菌为食，而大型贝类、海星和鱼类等又以小型贝类为食，如果河豚吃掉了带有这种毒素的鱼类和贝类，河豚毒素就会在体内慢慢积累。河豚本身对这种毒素有抵抗力，它们会将这些毒素储存在卵巢和肝脏等部位。如果人类吃掉了这些河豚的肝脏等，就会中毒身亡。

中毒了，不要慌！

去海边玩儿时，要注意有些动物是有毒的。

去海边玩儿时的建议着装

为了防止被夏季强烈的阳光晒伤，建议戴好帽子。另外，为了保护手部，需要戴好手套，尽量不要光脚，穿鞋底厚实的沙滩鞋。

帽子、毛巾、手套、耙子、水桶、沙滩鞋、网

预防与处理方法

在海岸边散步时，不要光脚在沙石上行走。要选择鞋底比较厚、比较结实的沙滩鞋，保护自己不受到有毒动物的伤害。如果在礁石附近发现了蓝环章鱼（→p.27），一定不要靠近和触碰。一旦被咬，可能会有生命危险。玫瑰毒鲉（→p.25）也是带有剧毒的，被它刺中也是十分危险的。

如果不幸被蓝环章鱼咬伤或玫瑰毒鲉刺中，要立即呼叫救护车。同时要大声呼救，求助大人来进行人工呼吸和心脏复苏。在进行人工呼吸的时候，要用靠近中毒者额头一侧的手捏住中毒者的鼻子，吹气一秒钟，然后两次人工呼吸配合一

被蓝环章鱼咬后的应急措施

人工呼吸

① 立即呼叫救护车。如中毒者失去意识，要使其仰卧，抬起下巴，使头部后仰。

② 捏住中毒者的鼻子，通过嘴巴将空气呼入。

心脏复苏

③ 心脏复苏时要用手掌按压胸部的中央。两次人工呼吸配合一次心脏复苏，重复30次。

被水母蜇到时的应急措施

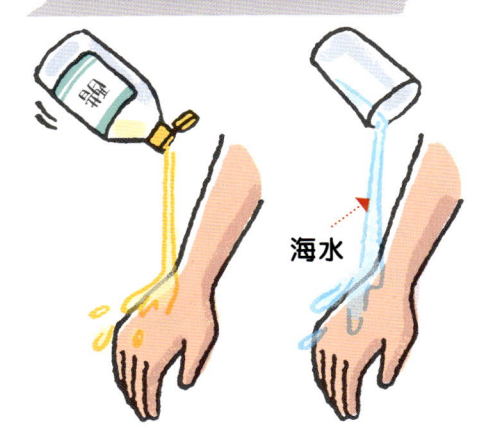

海水

立即呼叫救护车。在被波布水母刺中时，用醋冲洗受伤部位；被僧帽水母刺中时，用海水来冲洗受伤部位。

误食河豚中毒的应急措施

立即呼叫救护车，同时大量饮水催吐。

次心脏复苏，重复进行30次。

另外，如果被波布水母（→p.28）刺中的话，要第一时间呼叫救护车。用醋清洗被刺中的部位，来稀释毒素。如果被僧帽水母刺中的话，可以先用海水冲洗刺中的部位，然后及时去医院就医。

一定不要食用自己钓上来的河豚和未知种类的鱼。一旦误食河豚导致中毒，要立即呼叫救护车前往医院，并饮用大量的水进行催吐。

毒素是很有用的！

人类通过研究海洋生物带有的神经毒素研发出了止痛药。

人类体内的神经

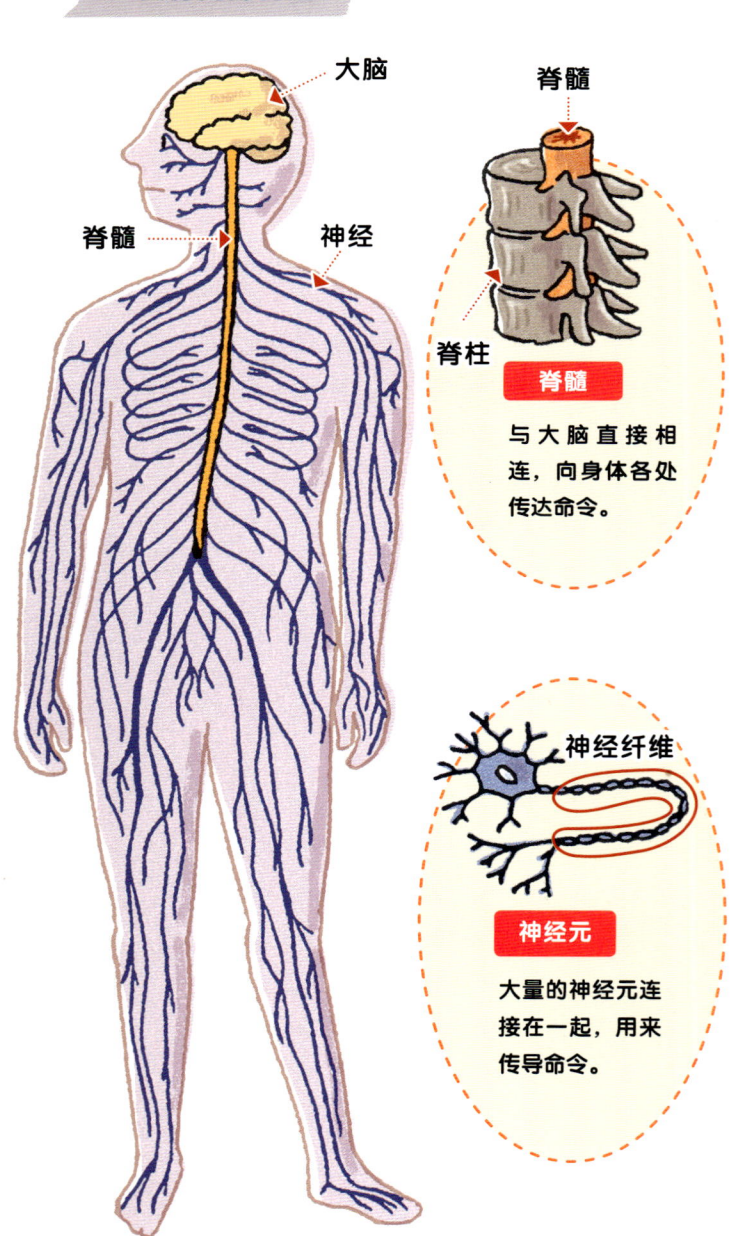

大脑
脊髓
脊髓
神经
脊柱

脊髓
与大脑直接相连，向身体各处传达命令。

神经纤维

神经元
大量的神经元连接在一起，用来传导命令。

人类神经与神经毒素的作用

人类对光亮、声音和气味的感觉，以及对物品的触感等都是通过神经来传导的。神经遍布人体的各个角落，让你可以看、听、闻、尝、触等。

另外，神经也会将大脑发出的命令传达给手脚，让手脚活动。比如说，当人想走路时，大脑的命令就会通过神经传达给脚，脚就会动起来。心脏不是通过大脑的思考之后而搏动的，而是大脑通过神经来传达命令使心脏跳动的。

神经是由很多神经元连接在一起组成的。神经元上有线一样的神经纤维。大脑产生的命令等生物电信号通过神经纤维传递。神经纤维与其他神经元连接的地方中，有一个叫作突触的部分。在突触位置有一些细微的间隙，在这里由神经纤维传导来的生物电信号变成了一种叫作神经递质的物质，传递给其他神经元。神经递质与其他神经元上的一个类似接收容器的部分（特异性受体）结合，然后会打开一个入口形成一个像通道一样的部分，这样命令就传达给下一个神经元了。

传达命令的工作原理

神经纤维从神经元中伸出，向其他的神经元传递命令。

来自大脑的命令

突触的结构

生物电信号

突触小泡
神经递质

特异性受体

突触间隙

神经递质由神经纤维产出。这种神经递质与特异性受体结合，将大脑发出的命令传递出去。

神经毒素的作用

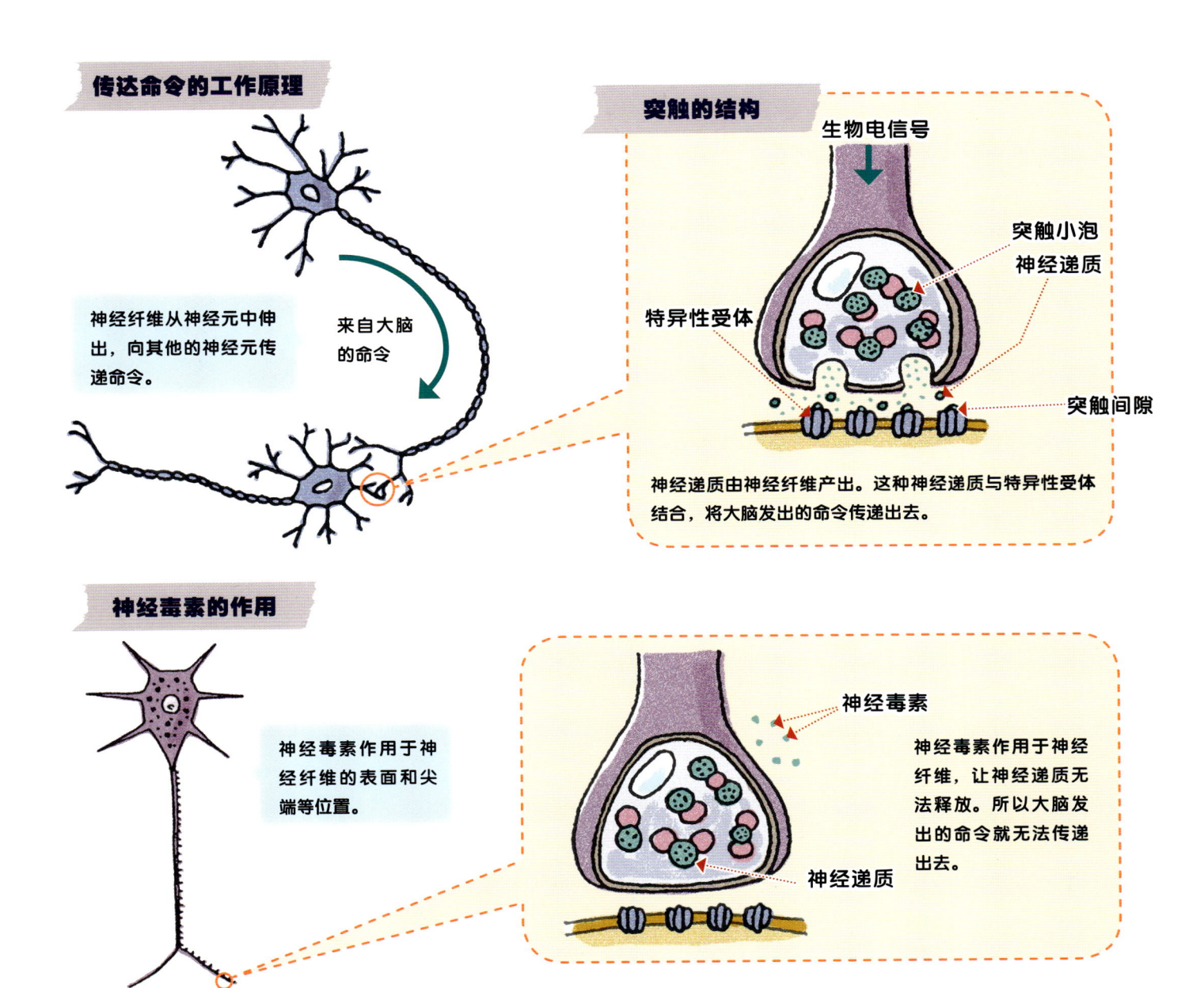

神经毒素作用于神经纤维的表面和尖端等位置。

神经毒素

神经递质

神经毒素作用于神经纤维，让神经递质无法释放。所以大脑发出的命令就无法传递出去。

　　神经毒素会占据这些入口，让它们处于无法关闭的状态。所以，大脑无法传达"心脏跳动"或者"进行呼吸"这样的命令给心脏或肺，从而导致人的心脏停跳或呼吸停止。神经毒素的作用相对轻一些时，会令人手脚麻痹。

　　人类利用神经毒素对神经的麻痹作用，开发出了止痛药（镇痛剂）。

23

第3章 有毒动物大集合

有毒的海水鱼

下面这些生活在海洋中的海水鱼是剧毒动物！

爪哇裸胸鳝

分类：鳗鲡目鲹科
分布：太平洋、印度洋
全长：约3m

身体细长，有着锋利的牙齿，凶猛，嗅觉灵敏。为夜行性动物，在白天视力不佳，藏身于珊瑚礁和岩石缝隙中。善于游泳捕食章鱼和小鱼，并将食物中含有的毒素累积在自己的身体里。由于毒素储存在肌肉和内脏中，所以如果人类食用这种鱼就会接触到毒素，发生严重的食物中毒。使用毒素的目的目前未知。

☠ 毒素强度：剧毒
毒素种类：神经毒素
武　　器：肌肉和内脏
毒素用途：目前尚无确切研究结果

云斑裸颊虾虎鱼

分类：鲈形目虾虎鱼科
分布：太平洋西部、印度洋
全长：10~15cm

在靠近河口的沙子和泥土中生活。昼行性动物，捕食藏在河底的螃蟹和沙蚕等。背部带有锋利的背鳍，将食物中的毒素累积在肌肉和皮肤中，人类食用之后会引发严重的食物中毒。使用毒素的目的目前未知。

☠ 毒素强度：剧毒
毒素种类：神经毒素
武　　器：肌肉和皮肤等
毒素用途：目前尚无确切研究结果

☠️
- 毒素强度：剧毒
- 毒素种类：神经毒素
- 武　　器：背鳍上的刺
- 毒素用途：防御

玫瑰毒鲉

分类：鲉形目毒鲉科

分布：印度洋、太平洋西部的热带区域

全长：约40cm

　　身体表面的颜色和形状与岩石特别相似，别称石头鱼。在海底的沙石中藏身，静待小鱼、虾和螃蟹等猎物。一动不动的时候难以和岩石区分开来，所以人类在礁石附近玩耍时会不小心踩到它而受伤。背部的背鳍带有剧毒，能穿透橡胶底的鞋子。被刺中后会无法呼吸直至死亡，所以在礁石附近玩耍时最好穿厚底的靴子。

赤魟

分类：燕魟目魟科

分布：东亚的沿海地区

全长：一般30~50cm，最长可达1m

　　身体扁平，胸鳍发达，有长长的尾巴。藏身在海底的沙土中，将眼睛和尾巴从沙子中露出，等待乌贼、章鱼、虾和鱼类等猎物。另外，也会探寻紧贴着海底游动的猎物。在尾巴上有1~3根刺，尾刺上有毒腺。使用毒素是为了进行防御，当敌人从上方攻击时，可以将尾巴向上卷起，用毒刺刺向对方。人类一旦被刺中，会产生剧烈的疼痛，继而引起全身阵痛、肌肉痉挛，甚至死亡。

☠️
- 毒素强度：剧毒
- 毒素种类：神经毒素
- 武　　器：尾巴上的刺
- 毒素用途：防御

⚠️
- 毒素强度：有毒
- 毒素种类：神经毒素
- 武　　器：背鳍和胸鳍的刺
- 毒素用途：防御

鳗鲇

分类：鲇形目鳗鲇科

分布：印度洋、太平洋西部等

全长：约20cm

　　栖息在礁石和沙子的下面，以小虾和沙蚕为食。在背鳍和胸鳍上的刺上有毒腺，人类在捕捉的时候要注意不要触碰有刺的部分。在鳗鲇的幼体时期，会大群地集结在一起，保护自己。

25

有毒的贝类、章鱼

贝类和章鱼等软体动物中，有很多种带有剧毒。

杀手芋螺

分类：新腹足目芋螺科

分布：太平洋西部、印度洋

壳高：43~166mm

　　也叫地纹芋螺。在贝壳外面有褐色的网纹图案。昼伏夜出，白天藏身在岩石和珊瑚的下面，天黑之后便出来活动。口中带有箭舌，是用来捕食和防御的。小鱼等猎物靠近时，可以将带有箭舌的长吻刺入对方体内，然后通过箭舌注入毒素，将其麻痹后，整个吞下。箭舌每使用一次，就会断一次，须经一段时间才会再长出来，如果人被刺中，有可能在数小时内死亡。

※壳高：贝壳的高度。

☠ 毒素强度：剧毒
毒素种类：神经毒素
武　　器：箭舌
毒素用途：捕食、防御

☠ 毒素强度：剧毒
毒素种类：神经毒素
武　　器：内脏等
毒素用途：不明

紫贻贝

分类：贻贝目贻贝科

分布：地中海等世界性海洋中（礁石和港口等）

壳高：约10cm

　　也被叫作海红。原本分布在地中海沿岸，后因附着在船底，随之扩散到世界各个海域。因为捕食的小型生物可能带有毒素，紫贻贝在捕食后会将毒素储存在内脏中，所以人类在食用紫贻贝的时候可能会引起食物中毒。擅自食用野生的紫贻贝是非常危险的。但是，市面上销售的紫贻贝都是经过毒素检测的，基本不会有什么危险。

※壳长：贝壳的长度。

细线芋螺

分类：新腹足目芋螺科

分布：太平洋中部、印度洋

壳长：22~68mm

夜行性动物，白天潜藏在岩石和珊瑚礁下面。缓缓接近猎物小鱼，然后将箭舌刺入对方体内，通过箭舌将毒液注入。待小鱼全身麻痹无法动弹时再进行捕食。由于肉量很小，所以一般不用来食用。

☠ 毒素强度：剧毒
毒素种类：神经毒素
武　　器：箭舌
毒素用途：捕食、防御

☠ 毒素强度：剧毒
毒素种类：神经毒素
武　　器：肌肉、内脏
毒素用途：不明

金丝织纹螺

分类：新腹足目织纹螺科

分布：中国南海

壳高：约4.5cm

一般生活在浅滩的沙子和泥土中。食用海底生物的尸骸和海藻等，在肌肉和内脏等地方储存毒素。人类食用后，会产生舌头和手足麻痹等症状，严重时也会有心脏停跳，甚至死亡等后果。使用毒素的目的暂时不明。

蓝环章鱼

分类：八腕目章鱼科

分布：太平洋西部、南太平洋、印度洋

全长：约12cm，不会超过15cm

☠ 毒素强度：剧毒
毒素种类：神经毒素
武　　器：口器
毒素用途：捕食、防御

章鱼的一种，生活在浅海海域。身体上有圆环状的图案，一旦进入兴奋状态，图案便会浮现出来。在捕食螃蟹、虾和鱼类等猎物时，会为了防止对方逃跑而使用毒素。另外，也会为了防御而使用毒素。人类有时会在礁石等地方不小心触碰到它，可能会被其带有毒素的口器咬住，导致窒息、心脏停跳等，最终导致死亡。

有毒的水母

有一些水母是为了捕食而使用毒素的。

波布水母

分类：立方水母目箱形水母科

分布：日本奄美诸岛以及冲绳岛附近（浅海）

伞径：10~13cm

夜间在远海*的海底休息，白天会游到浅海海域。有28根左右半透明的长的触手，一旦猎物被触手碰到，就会被上面带有毒素的刺丝刺中。猎物被麻痹，不能活动之后，波布水母再用触手将食物运送到嘴边吃掉。透过其半透明的身体，可以看见猎物在其胃中被消化掉的样子。

*远海：远离陆地的海洋。

澳大利亚箱形水母

分类：立方水母目箱形水母科

分布：太平洋西部（澳大利亚以北）、印度洋东部等（沿岸的浅海区）

伞径：约30cm

白天会为了捕食小鱼等猎物而活跃地游动，此时的游动速度能达到5km/h。为了捕食而使用毒素，60根左右的触手上有着大量的刺细胞。毒素的主要成分为蛋白质，为复合毒素，可以麻痹肌肉，破坏细胞膜。它是世界上毒性最强的水母。

毒素强度：剧毒
毒素种类：复合毒素
武　　器：位于触手上的刺细胞
毒素用途：捕食

毒素强度：剧毒
毒素种类：复合毒素
武　　器：位于触手上的刺细胞
毒素用途：捕食

毒素强度：剧毒
毒素种类：神经毒素
武　　器：位于触手上的刺细胞
毒素用途：捕食

僧帽水母

分类：管水母目僧帽水母科

分布：在全世界的温暖海域都有分布

伞径：约10cm

　　一般栖息在远海，随风、水流及潮汐移动。青白色的伞状体内充满了二氧化碳，起到鳔的作用，可以让其浮在海面上。触手上刺细胞的毒素可以帮助其捕食小鱼和甲壳类*。

*甲壳类：在节肢动物中，如虾和螃蟹等身体分成头、胸和腹部的一类动物。

毒素强度：剧毒
毒素种类：复合毒素
武　　器：位于触手上的刺细胞毒素用途：捕食

太平洋海刺水母

分类：旗口水母目游水母科

分布：太平洋海域

伞径：50~100cm，体型硕大

　　别名黄金咖啡水母。一般生活在远海，但是春夏时分会来到近海的沿岸。在日本青森县附近的海中可以发现。在伞状体上面能看见16根深茶色的线。有24根触手，可以捕食小鱼等猎物。人类一旦被刺中，会有类似火烧的疼痛感，皮肤上会有类似荨麻疹的凸起。

毒素强度：有毒
毒素种类：复合毒素
武　　器：位于触手上的刺细胞
毒素用途：捕食

火水母

分类：立方水母目灯水母科

分布：印度洋和太平洋的热带、亚热带海域

伞径：20~30cm

　　秋冬季节会出现在日本周围的海洋中。使用刺细胞捕食小鱼等猎物。当人被刺中后，会产生剧烈的疼痛，皮肤上会有类似荨麻疹的凸起。可以将刺中的部位用海水冲洗作为应急措施。

有毒的海葵

一些有毒海葵为了捕食而使用毒素。

武装杜氏海葵

分类：海葵目海葵科

分布：太平洋西部

直径：约15cm

生活在印度尼西亚以及澳大利亚周围浅海的海底，潜藏在沙子中。它伸着长长的触手，捕食靠近它的小鱼。触手的颜色有白色和粉色等。有几种虾可以藏在武装杜氏海葵的触手中间，来防御敌人的攻击，这些小虾即使被它的触手碰到也不会死亡。

⚠️
毒素强度：有毒
毒素种类：复合毒素
武　　器：位于触手上的刺细胞
毒素用途：捕食

⚠️
毒素强度：有毒
毒素种类：复合毒素
武　　器：位于触手上的刺细胞
毒素用途：捕食

圆盘岩沙海葵

分类：沙海葵目沙海葵科

分布：日本的奄美大岛和冲绳周围（珊瑚礁）

直径：约1.5cm

在珊瑚礁分布广泛的浅海海域，群居。身体的周围有着很多短触手，可以捉住小鱼等猎物。

夜海葵

分类：海葵目Aliciidae科（注：暂无对应中文科名）

分布：太平洋

直径：15~25cm

  除了白色还有绿色和橘色等品种。白天会将触角缩起来，变成碗一样的形状，所以很难将其与周围的海藻和岩石区分开来。夜间会像下图那样，将触手伸出来，活跃地舞动，捕食小鱼等猎物。人类一旦被刺中，会产生剧烈的疼痛，皮肤会红肿。

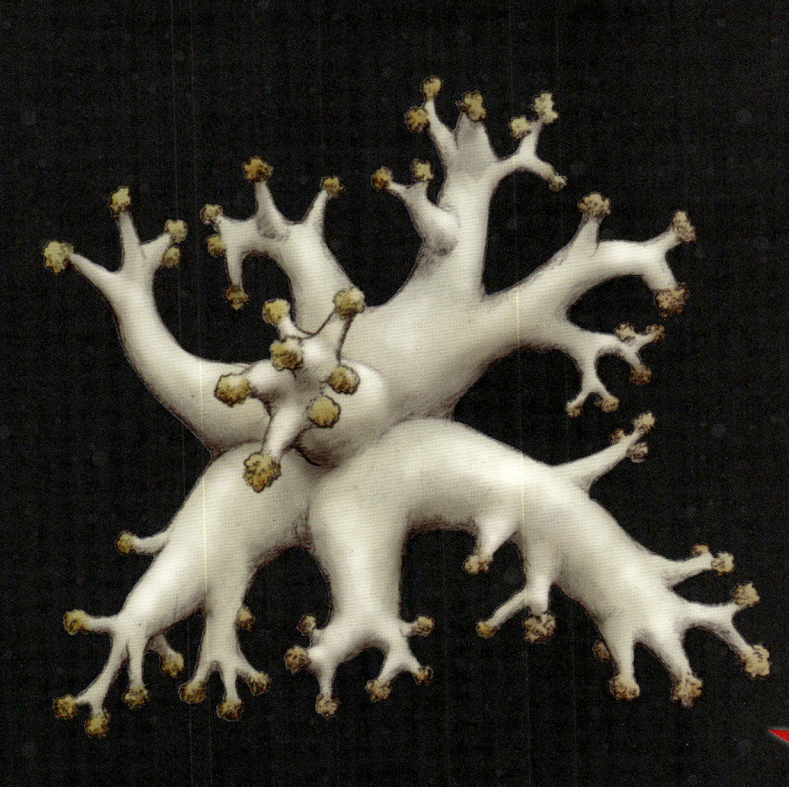

☠
毒素强度：剧毒
毒素种类：复合毒素
武　　器：位于触手上的刺细胞
毒素用途：捕食

毒沙群海葵

分类：沙海葵目沙海葵科

分布：夏威夷群岛周围（珊瑚礁、礁石）

直径：约3.5cm

  栖息在夏威夷群岛的毛伊岛周围的海洋中。一般成群生长在岩石上，用带有毒素的刺细胞捕食浮游着的小型生物以及靠近的小鱼。可以说它是地球上毒性最强的动物之一。

注：配图中画的是成群的毒沙群海葵。

☠
毒素强度：剧毒
毒素种类：复合毒素
武　　器：位于触手上的刺细胞
毒素用途：捕食

等指海葵

分类：海葵目海葵科

分布：地中海、大西洋东部等

直径：约5cm

  退潮的时候会将自己缩成一团，当潮涨满之后又会将触手伸出来，捕食周围的小鱼。

⚠
毒素强度：有毒
毒素种类：复合毒素
武　　器：位于触手上的刺细胞
毒素用途：捕食

有毒的海胆、海星

海胆和海星都带有尖锐的刺，其中一些的尖刺带有剧毒。

毒素强度：剧毒
毒素种类：神经毒素
武　　器：棘刺
毒素用途：防御

棘冠海星

分类：瓣海星目长棘海星科
分布：太平洋西部、印度洋
直径：20~80cm

主要生活在珊瑚礁上。在刚刚孵化的时候，主要以浮游生物为食。长大后就可以开始食用海藻。身体表面的刺上带有毒素，用来抵御大法螺等天敌。

毒素强度：有毒
毒素种类：神经毒素
武　　器：棘刺
毒素用途：防御

喇叭毒棘海胆

分类：海胆目毒棘海胆科
分布：太平洋西部、印度洋
壳径：约10cm

生活在浅海海域的礁石上。一般隐藏在岩石的坑洼处或者海藻的中间。以海底的岩屑和海藻等为食。喇叭形状的刺含有毒素。在防御的时候，会将毒素注入对方体内。人类一旦被刺中，会产生剧烈的疼痛。

毒素强度：有毒
毒素种类：神经毒素
武　　器：棘刺
毒素用途：防御

刺冠海胆

分类：冠海胆目冠海胆科

分布：太平洋西部、印度洋

壳径：5~9cm

　　俗称魔鬼海胆。生活在浅海海域。白天藏在岩石的缝隙里，夜晚再出来活动。以海藻为食。为了防御石鲷鱼等天敌而使用毒素。全身长满20~30cm长的尖刺，刺上有毒。人类一旦被棘刺刺中，会有持续的剧烈痛感。

饭岛囊海胆

分类：囊海胆目囊海胆科

分布：日本

壳径：13~20cm

　　生活在沿岸的礁石以及珊瑚礁上，一般藏在岩石缝隙里，在捕食的时候会从石缝中出来，一般以虾、贝类以及海藻为食。

毒素强度：有毒
毒素种类：神经毒素
武　　器：棘刺
毒素用途：防御

毒素强度：有毒
毒素种类：神经毒素
武　　器：棘刺
毒素用途：防御

白刺海胆

分类：海胆目毒棘海胆科

分布：太平洋西部至印度洋范围

全长：约10cm

　　生活在温暖海域的礁石和珊瑚礁上。隐藏在岩石的阴影中，以岩屑和海藻为食。

有毒的海蛇

海蛇是生活在海里的爬行动物，它们当中有一些品种是有毒的。为了捕食会咬住猎物，用尖牙将毒液注入对方体内。

杜氏剑尾海蛇

分类：有鳞目眼镜蛇科

分布：南太平洋至印度洋(珊瑚礁以及礁石)

全长：最长可达约150cm，一般在80cm左右

在清晨和傍晚最为活跃。使用长度约1.8mm的尖牙捕食鳝鱼和海底的鱼类。被称为"世界三大毒蛇"之一。带有非常强烈的毒性。但是，体内可以储存的毒液量非常少，只有0.44mg左右。

☠ 毒素强度：剧毒
　毒素种类：神经毒素
　武　　器：尖牙
　毒素用途：捕食

☠ 毒素强度：剧毒
　毒素种类：神经毒素
　武　　器：尖牙
　毒素用途：捕食

长吻海蛇

分类：有鳞目眼镜蛇科

分布：太平洋、印度洋

全长：约90cm

生活在温暖海域。一生中的大部分时间都生活在海里，不需要上岸产卵。为了捕食鱼类而使用毒素。

扁尾海蛇

分类：有鳞目海蛇科
分布：太平洋西部至印度洋东部
全长：约120cm

生活在有珊瑚礁以及礁石的海域。白天在岩石的缝隙中休息，夜间出来活动。食物为海鳗和黄鳝等。繁殖期会爬上陆地，在洞穴的深处产卵。

☠ 毒素强度：剧毒
毒素种类：主要为神经毒素
武　器：尖牙
毒素用途：捕食

☠ 毒素强度：剧毒
毒素种类：主要为神经毒素
武　器：尖牙
毒素用途：捕食

钩鼻海蛇

分类：有鳞目海蛇科
分布：澳大利亚西北部沿岸至印度洋
全长：约130cm

生活在有礁石与珊瑚礁的海域。白天和黑夜都会出来活动，捕食鱼类。尾巴像鱼类的尾鳍一样是扁平的，上下比较宽。这种海蛇游泳比较厉害，在100m深的海底也可以游动。一般的海蛇需要每3小时将头浮出水面进行呼吸，但是这种海蛇可以在海中潜游5小时。

半环扁尾海蛇

分类：有鳞目眼镜蛇科
分布：太平洋西部至印度洋
全长：约150cm

生活在有礁石和珊瑚礁的海域。白天多在沿岸的岩石的缝隙中或者洞穴中休息，有时也会爬上陆地。夜间便会出来活动。为了适应在海中游泳尾巴变成扁平的形状，以捕食小型鱼类和甲壳类为生。

☠ 毒素强度：剧毒
毒素种类：神经毒素
武　器：尖牙
毒素用途：捕食

有毒的淡水鱼

有毒的鱼类大部分都生活在海水中。
但是，在一些淡水环境中，也隐藏着带毒的鱼类。

扫码领取
◎ 有毒动物图鉴
◎ 动画科普课堂
◎ 意外伤害处理
◎ 纪录片推荐

黑白魟

分类：燕魟目魟科
分布：亚马孙河的支流申古河
全长：约60cm

生活在南美亚马孙河的支流申古河的澄清河水中。身体上有白色的斑点，与河底石头的颜色相近，不容易被发现。一般贴着河底游动，捕食贝类和鱼类。为了防御而使用毒素。如果人被刺中，会有疼痛、瘙痒、水肿和麻痹等症状。

⚠️ 毒素强度：有毒
毒素种类：能够引发炎症的毒素
武　器：尾巴上的刺
毒素用途：防御

⚠️ 毒素强度：有毒
毒素种类：能够引发炎症的毒素
武　器：鳍上的刺
毒素用途：防御

黑头鳠

分类：鲇形目鲿科
分布：湄公河等
全长：约20cm

分布在湄公河和印度尼西亚、老挝、马来西亚等地的湖泊中。背鳍与胸鳍的刺上带有毒素，人一旦被刺中会感觉到剧烈的疼痛。主要以河流中漂浮的浮游生物以及河底泥土中的小型水生昆虫为食。看起来像胡子一样的触须是它们寻找食物的武器。

岔尾黄颡鱼

分类：鲇形目鲿科

分布：广泛分布在江河、湖泊中

全长：约30cm

在游动的时候胸鳍会发出唧唧的声音。白天躲在河流以及湖泊中的大石头下面，也会藏在岸边的洞穴中。为夜行性动物，天黑后贴着河底或者河岸游动，捕食昆虫、小虾和小鱼等猎物。背鳍与胸鳍上带有有毒的刺。

⚠️ 毒素强度：有毒
毒素种类：能够引发炎症的毒素
武　　器：鳍上的刺
毒素用途：防御

⚠️ 毒素强度：有毒
毒素种类：能够引发炎症的毒素
武　　器：鳍上的刺
毒素用途：防御

红鲴

分类：鲇形目钝头鮠科

分布：广泛分布在江河、湖泊中

全长：约10cm

生活在水比较清澈的河流中游和上游。白天潜藏在河底的岩石和小石头的阴影处。主要在夜间活动，以水中的昆虫和小虾为食。背鳍和胸鳍有着带有毒素的刺。人被刺中后会产生断断续续的疼痛。

越南拟鲿

分类：鲇形目鲿科

分布：中国广西，越南北部

全长：15~25cm

在上下颚分别长有4根胡须。在游动的时候胸鳍会发出唧唧的声音，尾鳍的锯齿比较小，喜欢清澈的河水，白天在大石头下面和岸边的洞穴中躲藏。一到夜晚便会游出来，捕食水里的昆虫和小虾等。背鳍和胸鳍有着带有毒素的刺。

⚠️ 毒素强度：有毒
毒素种类：能够引发炎症的毒素
武　　器：鳍上的刺
毒素用途：防御

特约审校：张春丽

気をつけろ！猛毒生物大図鑑②海や川のなかの　猛毒生物のふしぎ
By 今泉忠明

"MOUDOKU SEIBUTSU DAIZUKAN"
copyright© 2015 Tadaaki Imaizumi and g-Grape.Co.,Ltd.
Original Japanese edition published by Minervashobou Co.,Ltd.

© 2023 辽宁科学技术出版社。
著作权合同登记号：第06-2017-132号。

版权所有·翻印必究

图书在版编目（CIP）数据

潜在水中的有毒动物 /（日）今泉忠明著；杜娜译. —沈阳：辽宁科学技术出版社，2023.4
（奇趣动物小百科）
ISBN 978-7-5591-2735-8

Ⅰ．①潜… Ⅱ．①今… ②杜… Ⅲ．①有毒动物–儿童读物 Ⅳ．①Q95-49

中国版本图书馆CIP数据核字(2022)第162963号

出版发行：辽宁科学技术出版社
　　　　　（地址：沈阳市和平区十一纬路25号　邮编：110003）
印　刷　者：深圳市福圣印刷有限公司
经　销　者：各地新华书店
幅面尺寸：210mm×260mm
印　　张：2.75
字　　数：80千字
出版时间：2023年4月第1版
印刷时间：2023年4月第1次印刷
责任编辑：姜　璐　马　航
封面设计：许琳娜
版式设计：许琳娜
责任校对：闻　洋

书　　号：ISBN 978-7-5591-2735-8
定　　价：45.00元

投稿热线：024-23284365
邮购热线：024-23284502
E-mail：1187962917@qq.com

更多动物知识 尽在动画科普课堂

微信扫码观看

- **有毒动物图鉴**
  知识图鉴
  展现令人惊叹的百科世界

- **动画科普课堂**
  趣味动画
  探索动物的神奇秘密

- **意外伤害处理**
  图文解读
  亲近动物受伤紧急处理

- **纪录片推荐**
  思维拓展
  人类和有毒动物如何相处

找到了！（第1章的答案）

第一章都介绍了什么样的有毒动物呢？有些动物隐藏在所处的环境中，很难发现它们的存在吧？一起去对应着看看关于它们的详细介绍吧！

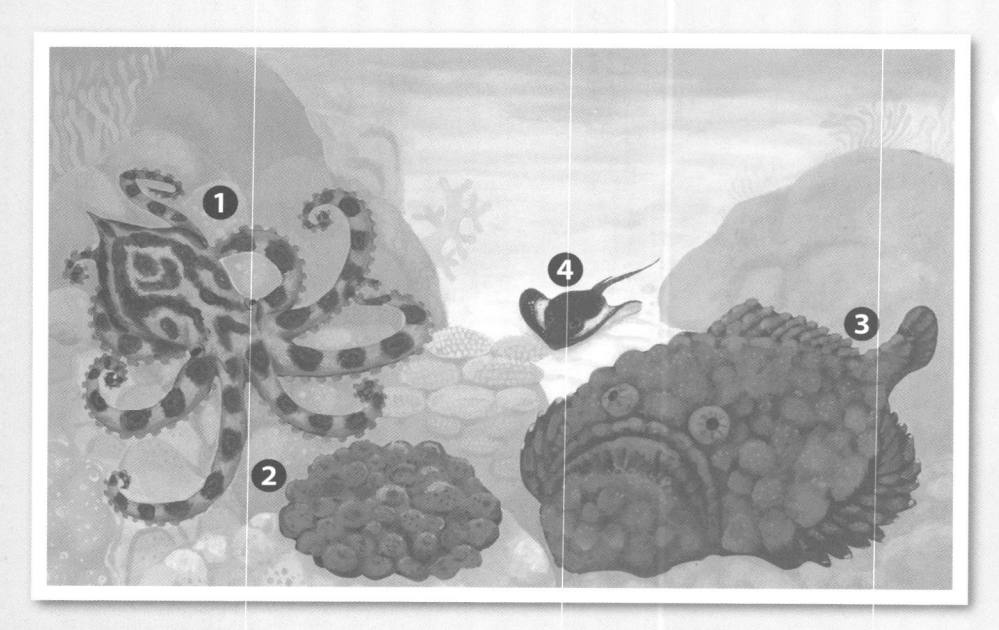

海洋中的有毒"杀手"
p.6—7

❶ 蓝环章鱼（→ p.27）
❷ 夜海葵（→ p.31）
❸ 玫瑰毒鲉（→ p.25）
❹ 赤魟（→ p.25）

海洋中的有毒"杀手"
p.8—9

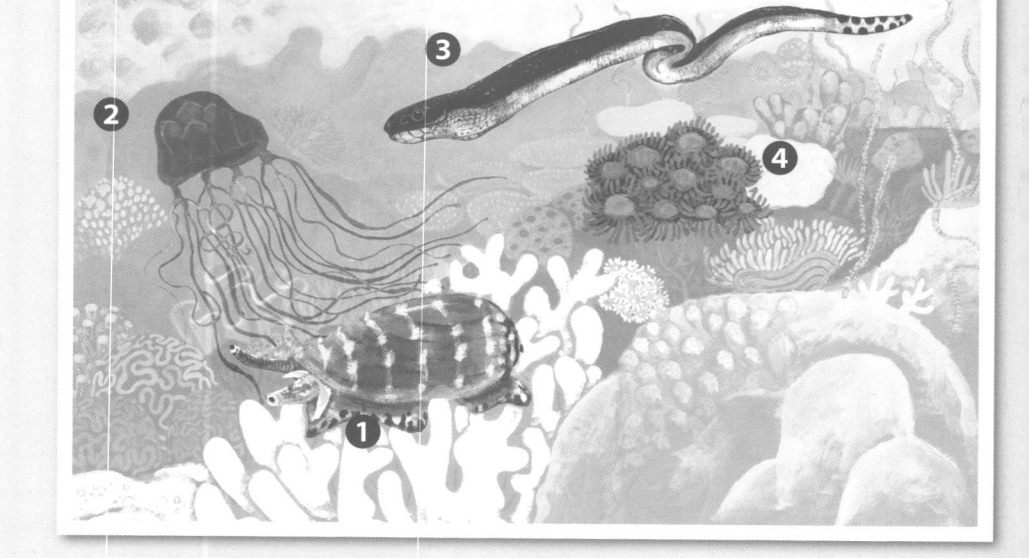

❶ 杀手芋螺（→ p.26）
❷ 澳大利亚箱形水母（→ p.28）
❸ 长吻海蛇（→ p.34）
❹ 毒沙群海葵（→ p.31）